STEM 战场中的科学

战场中的化学
CHEMISTRY GOES TO WAR

[英]蒂姆·里普利 著

夏凤金 译

科学普及出版社
·北京·

图书在版编目（CIP）数据

战场中的科学. 战场中的化学 /（英）蒂姆·里普利著；夏凤金译. -- 北京：科学普及出版社，2022.4
ISBN 978-7-110-10428-6

Ⅰ. ①战… Ⅱ. ①蒂… ②夏… Ⅲ. ①科学知识—普及读物 ②化学—普及读物 Ⅳ. ① Z228 ② O6-49

中国版本图书馆 CIP 数据核字（2022）第 053866 号

© 2020 Brown Bear Books Ltd

BROWN BEAR BOOKS

STEM ON THE BATTLEFIELD/smoke screens and gas masks: chemistry goes to war
Devised and produced by Brown Bear Books Ltd,
Unit 3/R, Leroy House 436 Essex Road London,
N1 3QP, United Kingdom

Simplified Chinese Language rights thorough CA-LINK International LLC (www.ca-link.com)
北京市版权局著作权合同登记　图字：01-2021-7014

目录

战场中的化学 ………………………………… 4

刀和剑 ………………………………………… 6

火攻 …………………………………………… 8

炸药问世 ……………………………………… 12

欧洲的火炮 …………………………………… 16

无烟炸药 ……………………………………… 18

新型炸药 ……………………………………… 20

毒气 …………………………………………… 24

防毒面罩 ……………………………………… 28

燃烧装置 ……………………………………… 30

火焰喷射器 …………………………………… 34

烟幕弹 ………………………………………… 36

凝固汽油弹 …………………………………… 38

现代盔甲 ……………………………………… 40

大事记 ………………………………………… 44

战场中的化学

第一次世界大战期间（1914—1918），德意志帝国意攻占法国东部边境凡尔登的一处要塞。

在1916年2月21日这天，德军的大炮向法军的多处目标开火，仅仅5个小时内，800门大炮就发射了约100万枚炮弹。在法军的奋力抵抗下，德军猛攻九个半月而不克，不得不撤退。这次史无前例的最大规模炮击虽然没有取得成功，但毫无疑问地显示了一门学科在战场上的重要性。这门学科就是化学。

化学家不但研究如何引爆炮弹，还找到了如何又快又安全地制造上百万枚炮弹的方法。

第一次世界大战期间，在一家工厂内，英国工人正在制造炮弹。

武器的发展

化学是关于各种物质组成的科学。研究炸药的化学家，会实验各种物质间如何反应才能产生更大的威力，或者合成新的物质制作炸药。

早在古代，人们就将化学应用到了武器制造领域。虽然古代没有化学这个概念，但是古人知道如何锻造刀剑，这需要用到化学知识。古代中国还发明了火药，是化学在古代应用的典型。13世纪，火药技术传入欧洲，并被应用到战场上。后来，以火药技术为基础，发展起来了加农炮、手枪、火枪等武器。18—19世纪，化学家又发明了新的炸药、弹药以及毒气弹、燃烧弹等武器。与此同时，化学家们还为士兵研制了新材料防护服。即便到了21世纪，化学技术仍然是战场上的核心技术。

图中士兵手持的是在"一战"中使用的喷火枪的复制品。它的工作原理是用高压喷出液态燃料并引燃。喷火枪大约在公元600年出现。

刀和剑

刃器的制造是化学科学在战争中的最早应用之一，在这个过程中最关键的技术是对金属的加热与锻打成型。

最早的武器是用石块或燧石制造的。约公元前4000年，人类掌握了青铜的冶炼技术，之后利用这种新的材料制造出更为锋利的刃器。锋锐的铜制刃器和箭头使军队的战斗力大大提高。

古埃及等地的军队，不但配备铜剑和铜斧，还使用了铜制的矛、长枪和弓箭。但是青铜比较软，用其制造的武器使用一段时间后会卷刃、变钝。

约公元前1300年[*]，人们掌握了一种技术，可使炉膛升至高温，这样就能够从铁矿石中冶炼出更适合制造武器的金属——铁。

---

[*] 全球掌握冶铁技术的时间不同，此处的依据为埃及法老墓出土的铁制匕首。

早期的化学家掌握了足以熔化金属的高温技术。将熔化成液态的金属倒入模具成型。

一位美国士兵正在给他的枪支装刺刀。在近身搏杀的过程中,士兵会使用到钢制刺刀。

这一技术标志着铁器时代的到来,从此人类将铁应用到武器制造中。

铁与钢

如果用青铜武器去刺铁甲是刺不穿的,从此在武器制造中,铁慢慢取代了青铜。但到了大约公元前300年,铁又被钢所淘汰。与铁比起来,钢更轻但更结实,钢刃的寿命也更长。

即便到了现代,步兵的步枪上仍然会使用钢刃,作为近身搏斗中的利器。

科学档案

冶金学与金属

合金是指由一种金属元素和其他元素熔合而成的、具有金属性质的物质。实际上,青铜就是铜锡合金。冶金就是将金属冶炼成合金的技术。早期的化学家就已经掌握了用高温这一手段来制造合金。跟以前的纯金属比起来,合金的强度更高、质量更轻,更易于用来制造兵器。

火攻

在史前时期，火就成为一种重要的武器。早期的化学家已经掌握了朝目标喷火的技术。

在古代的战场上，火就被用作摧毁性的武器。早期的很多战争都是攻城战——用围城的方式逼迫对方投降。可以用火攻来烧毁敌方的木质围墙，制造攻城的突破口；或者向城中投掷火弹，引燃城中的建筑，以恐吓被围困的居民。

木制的城墙和建筑易燃，而且在中世纪，城中这种建筑鳞次栉比，致使火势极易蔓延。

火与水

早期投掷"燃烧弹"的方式是点燃成束的柴草,然后用弓弩发射出去。在海上,用"燃烧弹"来引燃敌方的战船,可使战船失去战斗力甚至沉没。还有的是将战船装满燃料,点燃后冲击敌船。

用水就很容易将上述这种"燃烧弹"扑灭,所以它不能在雨天使用。另外,在操作的时候也很危险,稍不留意就会引火烧身。

1759年在英法争夺加拿大殖民地的海战中,法军装满燃料的小船熊熊燃烧着冲向英国的战舰。

科学档案

希腊火

希腊火最早出现在东罗马帝国，我们现在也不知道它的具体成分。它使用的是一种易燃的凝胶，制成球状，点燃后发射出去。从7世纪到13世纪，东罗马帝国与统一的阿拉伯帝国及后来的奥斯曼帝国的争斗不断，在两军对垒的过程中，东罗马帝国引燃神秘的希腊火，然后用抛石机或者弓箭发射到敌军阵营。

要想使点燃的船准确命中目标不是一件容易的事，在推动船前进的过程中也充满了危险。

希腊火

公元7世纪，早期的"燃烧弹"被希腊火取代。它所使用的是一种黏性的易燃材料，甚至在水面都能燃烧，是海战和攻城战中的

士兵正扬起抛石机上的杠杆，将装有希腊火的木桶抛向敌军。

利器。

在水面上，水兵利用架设在甲板上的抛石机向敌方战船发射希腊火，这能保证他们在安全距离以外向敌军发起火攻。

还有的用大炮发射希腊火。在攻城战中，希腊火极易引燃木质堡垒。针对这种情况，工程师开始设计石砌城墙、用不易燃的瓦片替代稻草，修建城堡的房顶。

在这张 12 世纪的图片中，东罗马帝国的士兵利用火焰喷射器攻击敌方战船。

科学档案

第一个火焰喷射器

东罗马帝国发明了第一个火焰喷射器。在船头架设一个简单的鼓风机，水手利用鼓风机加压，向敌方战船喷射希腊火。

炸药问世

13世纪，在欧洲流传着一个关于中国的魔力药物的故事。故事里说，这种药物能够爆炸。

很可能在9世纪[*]，火药就在中国用于战争了。专家认为，当时中国科学家的初衷可能只是想炼成一种服用后能长生不老丹药。他们将硫磺、木炭和硝石这三种物质混合在一起后。出乎意料的是，混合物不仅能燃烧，竟然还能产生爆炸效果。之后他们进一步试验，得到了达到最大爆炸效果的配方。这种新的混合物就是火药。

---

[*] 有人认为火药是中国古代炼丹家7世纪发明的。《武经总要》（北宋）记有火药的配方。公元904年的"飞火攻城"是已知火药武器的最早记载。

火龙箭

在这张11世纪的图片中，中国的弓弩手用一种特质的箭筒发射火龙箭，每次可以发射多发。

第一支火箭

火药武器的进化是很快的。在发明火药后，下一步就是发明火箭。这时的火箭是一种可爆炸的箭头，类似于现在的烟花。中国古代科学家最先找到了制造大炮的方法。他们意识到在一个狭小的空间内制造爆炸可以加速气体膨胀，如果同时将气体密封住，那么它可以使被发射物达到一个很高的速度。

一位中国士兵正用一根燃烧的木棍点燃火箭。这种早期的火箭有点像现代的烟花。

科学档案

中国的火药

中国发明的火药是硫磺、硝石及木炭的混合物，只有这三种物质的配比达到一定的标准它才会爆炸。因为这种混合物的颜色是黑色的，所以人们也称为"黑火药"。火药的出现导致了炸弹的诞生，颠覆了战争的形式。之后更进一步，利用火药，人类发明出了能长距离攻击的子弹和炮弹。

爆炸发生后，被发射物体获得了足够大的速度，离开弹筒后会继续向前飞行一段较长的距离。这就是所有枪支和大炮的基本原理。

最初的中国式大炮比较小，后来才变大了很多，可以将炮弹发射数百码远（1码=0.9144米）。刚开始弹筒是木质的，但因为受到爆炸冲击力后容易开裂，所以没过多久就换成了铸铁的。所谓的炮弹，最初只是实心铁球或石球，后来将铁球掏空，放入炸药并设计好引信，这样炮弹击中目标后会爆炸，使杀伤面积扩大。

中国长城上的古代大炮。古代中国的统治者筑起了长城，以抵御北方游牧民族的入侵。

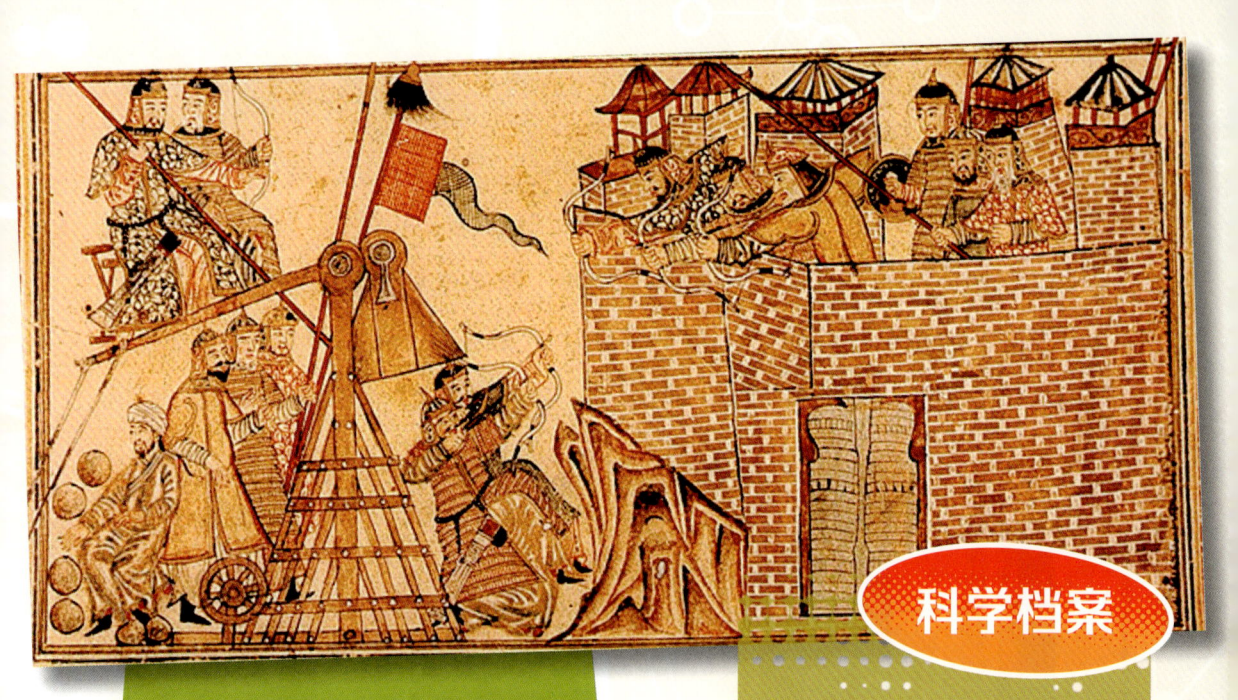

发生在中国的很多战争都是攻城战。面对火药武器，很难建立起有效的防御体系。

第一支火枪

在大炮之后，中国古代科学家首先发明了火枪，这是第一种适合单兵使用的火器。这种火枪的枪筒很长，用起来很笨重，可靠性也不是很高，士兵用它很难瞄准目标，甚至根本就点不着火。不过，这种火枪的出现为之后欧洲武器的发展指明了方向。

科学档案

大炮与城堡

大炮改变了古代中国攻城战的形式。面对投石机或火箭发射来的炮弹，原本固若金汤的城池不再易守难攻。大炮在高大的城墙上轰出了无数弹孔，这使城墙变得非常脆弱。为了解决这个问题，出现了一种用石块和泥土筑造的新城墙。新城墙可以吸收炮弹的能量，避免倒塌。

欧洲的火炮

13世纪中叶，火炮技术传入欧洲。欧洲的化学家对其加以发明改造，工程师们则进一步利用火炮技术制造了新的武器。

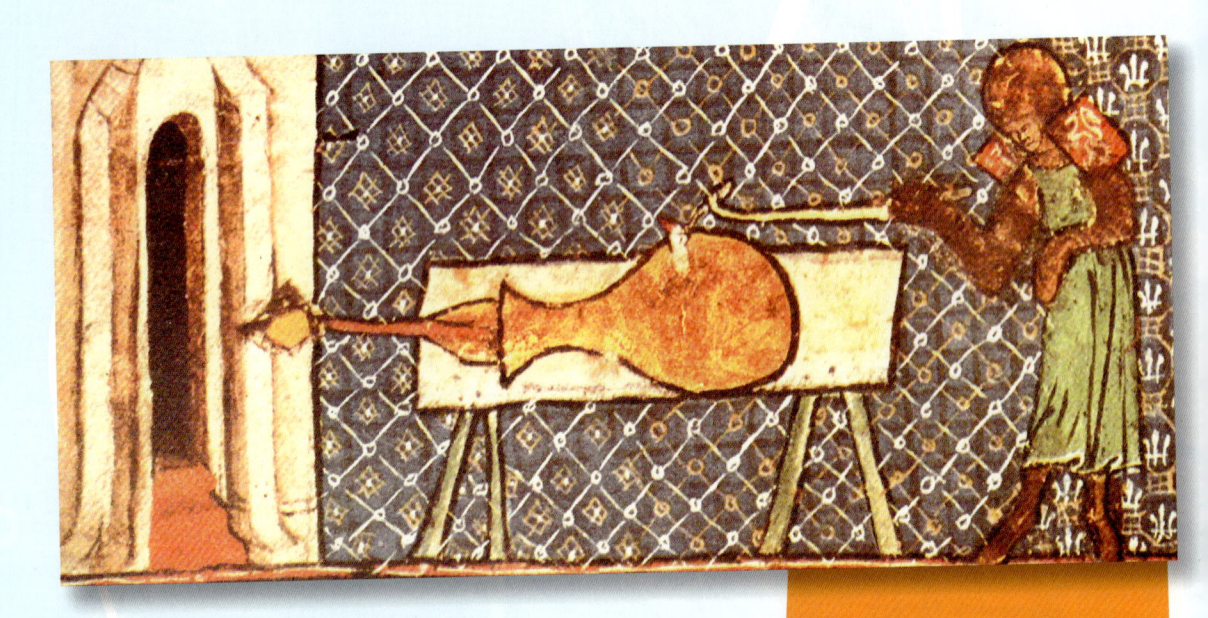

化学家将硫磺、木炭、硝石混合制成火药。最初的火器，是利用火花引燃火药。火药爆炸产生冲击波，从而摧毁周围物体。当然，也可以用火药引燃周围的可燃物。

工程师们意识到，在一个密闭的狭小空间中点燃火药产生较小的爆炸，可以实现炮弹的发射。他们利用这一原理制造了大炮、步枪和火箭筒，可以发射炮弹、子弹和火箭。到15世纪，欧洲的

这张图片绘于1326年。图中箭头形状的物体是炮弹，一个士兵正在点燃大炮的引线。

所有军队均已装备了火药武器。

重要的材料

火药的配料成了至关重要的军用物资。像英国和法国这种当时的庞大帝国，可以跨海搜罗火药材料，从而制造出了更多的火药。与此同时，制造大炮和枪支还需要大量的金属，这种巨大的需求加速了第一次工业革命（始于18世纪60年代）的到来。

聪明的大脑

贝特霍尔德·施瓦茨（约14世纪），传说是一位德国化学家。因为他在火药方面的研究工作，又被叫作火药贝特霍尔德。传说在14世纪中期贝特霍尔德就已经发明了一种火药，所以有些人称他为"欧洲火药之父"。但是还有一种观点认为这个人物可能根本就不存在。

在近代战场上，炮手正在发射轻型加农炮。18世纪，军队开始使用轻型加农炮，这种大炮的机动性好，所需炮手少。

17

无烟炸药

在战场上，早期的炸药有一个缺点，就是在爆炸的时候会产生一股浓烟，影响指挥官的视线。

第一种使用火药的小型武器叫火绳枪（有时也称滑膛枪）。在使用之前，将枪管向上倾斜，依次填入火药和子弹，点燃引线引爆火药，子弹就发射出去了。到了19世纪晚期，技术得到改良，由原来的前膛装填改为后膛装填，先装子弹，紧接着填入火帽。扣动扳机后，击锤撞击火帽，引起火帽中的无烟炸药爆炸。

科学档案

战场能见度

从17世纪到19世纪早期，欧洲军服的颜色一般都很鲜亮，这样便于指挥官观察战情。在这一时期，士兵们都是同时射击，战场瞬间就笼罩在一片浓烟当中，能见度降低，很难看清战场情况。

19世纪早期的长枪，开火后会冒出浓烟。浓烟会灼伤眼睛和鼻子，在空气中久久不能散去。

新型爆炸

在欧洲和北美洲，后膛装填的火枪开始使用由化学家研制的无烟火药。跟之前的普通火药相比，这种火药的爆炸威力更大，还不会产生烟雾。

这之后首次实现了将子弹或炮弹与炸药装填在一起，也就是将弹头和发射火药装在一个金属壳内。这已经跟现代子弹或炮弹类似了。通过撞针撞击子弹尾部的火帽发射子弹。这一技术进步，使得武器的运输和储存更加安全，弹药的大批量制造也成为可能。

现代来复枪子弹的尾部有一个火帽，再往前是火药，顶端是弹头。

新型炸药

19世纪，化学家研制出了多种新型炸药。利用这些炸药，可以制造大量的武器。

在19世纪中期，意大利化学家阿斯卡尼奥·索布雷罗发明了一种液体炸药——硝化甘油[*]。这种炸药的威力强大，但是不稳定，一旦不小心掉落或者过热就会爆炸，因此引发了很多事故，甚至炸毁过制造工厂。

将硝酸甘油制成易手持的棍状物，用左侧的打火器打出电火花，引燃导火线，即可引爆。

[*] 又称硝酸甘油，也是治疗冠心病的药物。

炸药

1864 年发生的一次硝酸甘油爆炸事故炸毁了诺贝尔家族在瑞典开设的兵工厂，化学家阿尔弗雷德·诺贝尔的弟弟在这次事故中死亡。之后诺贝尔将硝酸甘油与另外一些材料混合，使它变得更稳定。由此，诺贝尔制造出了这种炸药的固体形式，一般称为"达纳炸药"。诺贝尔在 1867 年为他的发明申请了专利。跟硝酸甘油不同，这种新型炸药可以封装在一个较小的空间内，产生更大的爆炸。

聪明的大脑

阿尔弗雷德·诺贝尔（1833—1896），有时人们称他为"现代炸药之父"。这位瑞典化学家改变了制造爆炸物的形式。有传言，诺贝尔对自己的发明造成的伤亡感到内疚，因此创立了诺贝尔和平奖，颁发给那些致力于避免或者终结战争的人士。

到了 19 世纪晚期，炸药的应用范围变得日益广泛。除了应用在军事领域，还经常在开矿和工程建设中看到它的身影。

这幅油画描述的是 1916 年（"一战"期间），在日德兰海战中，德国的炮弹击中英国的战舰。

威力巨大的爆炸

与诺贝尔同时，1863 年，德国科学家尤里乌斯·维尔布兰德发明了烈性炸药三硝基甲苯，也就是 TNT。这是当时烈性炸药之一，也是第一种在液态下比较安全的炸药。在制造炮弹的过程中，可以将液态的 TNT 倒入弹壳中。

在"一战"中，TNT 改变了海战的形式。德国用 TNT 制造了一种特殊的炮弹——穿甲弹，这种炮弹可以在敌人的铁甲舰上穿出一个洞，之后炮弹就从这个洞里进入舰船内部。炮弹中的延时引信会引爆其中的 TNT，造成巨大的破坏。

塑性炸药

1875年，阿尔弗雷德·诺贝尔发明了葛里炸药，这是第一种塑性炸药。这种化学制品看起来像雕塑用的黏土，十分柔软，可以用手揉捏成任意形状。它的爆炸威力比硝酸甘油大，而且十分稳定，只有用特制的雷管才能引爆。

2000年代，在伊拉克战争中，一位美国飞行员正在将塑性炸药推入一枚缴获的炮弹中。之后他会引爆这些炸药，安全地销毁这枚炮弹。

科学档案

塑性炸药

塑性炸药是一种固体炸药，可以制造成任意形状和大小，精确放置在合适的位置。所以经常被用在爆破拆除作业中。

毒气

在第一次世界大战期间，化学家发明了"毒气"。他们希望这种新型武器可以在阵地战中大展拳脚。

第一次世界大战期间，英国和法国在自己的前线挖了很多道壕沟，德国也在自己那侧掘土挖沟与之对垒。战争陷入胶着状态。德国具有领先的化学工业，德军将领命令德国化学家设计新型的武器。他们计划将敌人消灭在壕沟里，而其他的武器对于躲在壕沟里的英法士兵毫无办法。

这是在法国北部的航拍画面，画面中是一次演习，可以看到毒气云飘荡在壕沟上空。

这是美国工程兵部队拍摄的一张演示照，意在警示毒气攻击的威力。

氯气

德国化学家制造出了毒气。氯气之前经常出现在化工过程中，所以化学家早就知道这种气体可以令人窒息甚至死亡。当时德国的化学工厂可以大量地制造这种毒气，问题在于需要确定向敌人的战壕投放多少。

1915年，毒气首次在战场中现身。施放过程很简单，德军就在自己的战壕里面打开了储存氯气的大金属罐，氯气顺风飘向对方。

聪明的大脑

弗里茨·哈贝尔（1868—1934），德国化学家，曾获得诺贝尔化学奖。显然他领导了将氯气用作武器的工作，并监制了这种气体，还参与发明了一种新的毒气施放方法。他将第一种毒气武器带入了法国，并在1915年5月率先使用了毒气弹。

25

科学档案

战壕里的毒气

氯气很容易被看到和闻到。1915年年末，法国化学家发明了光气，这是一种无色的气体，味道也比较小，敌军来不及防备。还有一种毒气，叫芥子气，这种毒气密度较大，会在地面形成一种油性物质。

氯气造成了大量的伤亡，同时在敌方军中营造了一种恐怖气氛。但是依靠风力施放毒气有许多不确定因素，经常面临风向突变、毒气飘回自家阵地的危险。

毒气弹

在第一次遭受到德国的毒气攻击后，英国

战壕里飘满了毒气，英国士兵只能戴上防毒面罩。

在 1918 年的一场战争中,这些英国士兵被毒气毒伤。很多人的眼睛受伤,缠上了绷带。因为看不到前进的路,不得不把手搭在前面战友肩膀上。

和法国以牙还牙,制造出自己的毒气武器。

对阵双方竞相制造更具威力的毒气,最终发明除了毒气弹。毒气弹用大炮发射,落入敌人阵地内部,释放大量的毒气,飘荡在阵地的每个角落。

德国、英国和法国都曾试制过新型的毒气,其中最致命的是芥子气。这是一种糜烂性毒剂,可对受害者的皮肤和肺造成严重伤害。

防毒面罩

"一战"中,科学家发明了防毒面罩来保护士兵抵御毒气的攻击。现代仍然在使用类似的技术来防范毒气。

化学家找到了阻击氯气袭击方法。士兵用棉布或纱布盖住口鼻,以免吸入这些气体。不过在这之前,要将棉布或者纱布在碳酸氢盐中浸泡,碳酸氢盐可以消解氯气的毒力。发现这个方法后,大量的碳酸氢盐被送往前线。

苏格兰士兵戴着纱布垫,掩住口鼻,以抵御毒气的攻击。护目镜用来保护眼睛。

在光气*出现后，士兵们穿戴塑料的连帽衫，只在眼部露出一条细缝。再下一代的防毒面罩是由纤维制成的，眼部缝有护目镜，同时带有空气过滤装置，以保护口鼻。士兵们还会带着小鸟，将它们装在笼子里，对毒气攻击进行预警。只要空气中有毒气，小鸟会很快死亡。

防护衣

芥子气会腐蚀皮肤，因此即使不吸入芥子气，人也可能受到伤害。为了防护，士兵们不得不穿戴上沉重的防护帽、防护衣、防护裤。芥子气会聚集在战壕的底部，一旦一个区域被污染了，必须马上撤离，不再进入。

1918年，第一次世界大战结束。1925年，140个国家签署《日内瓦议定书》，规定在战争中禁止使用毒气。

* 剧烈窒息性毒气。

照片中德国士兵给他们的驴子在鼻子上也套上了防毒面罩。后来出现了专门为动物设计的防毒面罩。

科学档案

动物防毒面具

"一战"期间，军队使用骡马运送补给物资。这些动物也在遭受着毒气的攻击，所以专门为它们设计了专用的防毒面罩。面罩套在动物的头上，上面配有塑料的护目镜。

燃烧装置

20世纪的前几十年，科技的发展对空战产生了重要影响。

一项关键的发展就是高度易燃物质的出现。将这些物质填入子弹头中，就制造出了引发燃烧的燃烧弹。

在"一战"中，英国、美国及其盟国的飞行员首先使用了燃烧弹，将德国的"齐柏林"飞艇击落。巨大的飞艇被可燃性气体吞噬，很容易就解体了。

德军的一架"齐柏林"飞艇遭到英军飞机的燃烧弹攻击后，起火燃烧。

越南战争期间（1955—1975），一枚白磷炸弹爆炸。美军炮手向丛林中投掷燃烧弹。

科学档案

白磷

白磷的燃烧温度很高，可以引燃衣物、汽油和炸药。它可以对人体造成严重损害，所以对于白磷的使用具有较多争议。白磷燃烧时，会冒出大量的浓烟。在二战期间（1939—1945），白磷被用来制造烟雾，以掩护步兵或舰船。美军在越南战争期间使用白磷点燃敌军的藏身之处。

引燃

燃烧弹也可应用在海战和陆战中。只需用一枚小小的燃烧弹和一把手枪，就能使敌人的战舰或战车陷入一片火海。

后来，燃烧弹应用在战机的机枪上。当时的飞机使用的是木质框架，外面包裹的是诸如帆布等材料。这些材料都很易燃，所以飞行员的目标就是将敌人的战机引燃。

军火商也发现了燃烧弹的新用途。并不是所有的燃烧弹都用来引燃目标，有的用燃烧弹在目标附近燃烧，为其他武器攻击照亮目标。燃烧弹还能制造烟雾，掩护军队的行动。

辨识炮弹

有一些炮弹或子弹在空中飞行的时候会燃烧，呈现不同颜色的轨迹（弹道），协助射手修正弹道，或者给友军传递某种信息，也可以指示攻击

> 1921年，美国海军在做测试，向一艘废弃的战舰投掷了白磷燃烧弹。最终这艘战舰沉入海底。

在 1945 年的太平洋战争中，美国与日本交战，美军机场上空的曳光弹划出的轨迹照亮了整个夜空。

方向。这种燃烧弹又叫曳光弹，在空袭中有重要作用。因为有时飞行员和机组人员听不到机舱外发生了什么，曳光弹在空中划出的轨迹可以提醒他们哪些飞机在开火。

现代的燃烧弹

现代的燃烧弹利用化学物质点燃敌方的油库、炸药甚至植被。战争中利用燃烧弹烧光植被，以摧毁对方在树林、灌木丛中的藏身之所。

科学档案

曳光弹

曳光弹发射升空后，底部的化学物质被点燃，燃烧着划过天空，在天空中留下一道道亮光，用肉眼就能看到空中飞行的曳光弹的轨迹。它可以帮助射手确保击中目标。

火焰喷射器

希腊火的现代版本在"一战"中得到了广泛应用,它能将敌军歼灭在战壕或掩体中。

1945年,在与日本作战时,美军坦克使用火焰喷射器烧山。

1915年2月,德国工程师发明的火焰喷射器首次投入实战。这种装置像希腊火一样,喷出液体燃料,随后引燃。燃烧的火苗能钻入狭窄的射击孔中。初期的火焰喷射器很难移动,之后出现了升级版本,加了一个适合士兵背着的燃料罐。一般使用火焰喷射器攻克敌人要塞。

但是这种武器的活动范围有限,一次性携带的燃料有限,而且也不太可靠。如果对方引燃了油罐,则有爆炸的危险,携带者也在劫难逃。

更大型的火焰喷射器

在"二战"中，坦克和装甲车也会配备火焰喷射器。它们可以携带更多的燃料，射程也更远。尤其在装甲车内操作，会更加安全。

聪明的大脑

理查德·费德勒，德国工程师，设计了第一款现代火焰喷射器。他所设计的这款火焰喷射器体积小、重量轻、易携带，火焰射程可达 18 米。后世所有的火焰喷射器都是基于费德勒最初的设计。

一名美国海军陆战队士兵正在使用现代火焰喷射器清理杂草。

烟幕弹

在战场上，烟雾是隐蔽部队动向的有效方式。很多种化学材料都能制造烟雾。

在"一战"中，交战双方躲在各自的战壕里，用机枪、大炮对峙。化学家试着发明一种烟幕，以便隐藏士兵在战壕间转移。最初是通过燃烧木材和石油产生烟幕，但是这种造烟幕的方法很难控制，也很难保证火焰不向内部蔓延。

"二战"期间，士兵正在制造烟幕。

科学家尝试使用其他化学物质制造烟幕。一些化学物质在与其他物质混合时，会放出浓烟，而且还带有不同的颜色。在"一战"期间，军中会施放这种烟幕以掩护部队的转移。在大量士兵集结准备向敌方战壕发起总攻的时候，就会施放烟幕。

烟幕炉中盛放一些石油等燃料，这些燃料燃烧缓慢，不断地释放出大量烟雾。

烟幕炉

在后续战争中，化学家又发明了烟幕炉。炉子下面装着燃油，上面是一根小灯芯，点燃灯芯就可以制造烟幕，以躲避空中侦察和轰炸。德国在"二战"期间开始使用这种烟幕炉，在20世纪60年代的越南战争期间，越南也使用了这种装置，使得美军轰炸机难以找到轰炸目标。2003年美军入侵伊拉克期间，伊拉克地面部队也用了类似的技术。

聪明的大脑

阿朗佐·帕特森

阿朗佐·帕特森是20世纪20年代活跃在新奥尔良*的走私商人。当时美国实施了禁酒令，他就是从事从国外向美国走私酒品的营生。在走私的过程中，他会施放烟幕以逃避检查官的检查。在"二战"期间，帕特森协助美国海军发展了更先进的烟幕弹。

* 美国路易斯安那州南部的一座海港城市。

凝固汽油弹

凝固汽油是汽油与增稠剂的混合物,一种能燃烧的凝胶,可以附着在植物、建筑物或者人体上。

凝固汽油的英文名称是 napalm,这来源于制造黏稠剂所使用的化学物质——NAphthene(环烷烃)的铝盐与棕榈酸(PALMtic acid)。一旦沾上这种凝固汽油,就很难清除或清洗掉。就算受害者挺过了初始阶段的攻击,伤口仍然会持续烧灼几天。凝固汽油弹是在"二战"期间开发出来的,主要应用在亚洲战场,美军通过投放凝固汽油弹,烧毁稠密的丛林,以发现躲藏其中的日军。

在"二战"中,美军轰炸机在菲律宾上空投下凝固汽油弹,用来清除躲藏在密林中的敌军。

凝固汽油弹一般是空投，它在空中燃烧后，可以扩散到一个很大的区域。在美国对日本本土的轰炸中也使用了这种炸弹，引燃了日本城市中的一些木质建筑。

朝鲜战争与越南战争

"二战"后，在朝鲜战争（1950—1953）中有凝固汽油弹的身影。在与中国人民志愿军的交战中，美军使用了凝固汽油弹。在越南战争期间，美军用它烧毁了大片的丛林，这里一般是游击队的藏身之处。美军战机有时候会误炸到平民，造成的伤害惨不忍睹。因此，在战争中使用凝固汽油弹也颇受争议。

聪明的大脑

路易斯·菲泽（1899—1977），科学家，"二战"期间在哈佛大学工作。他原本从事医学研究工作，后来转入军事战争的研究。不久后，他就提出了制造燃烧凝胶的想法。他的最为知名的发明就是凝固汽油弹。

越战期间，一队美国士兵背后，一颗凝固汽油弹爆炸，升腾起巨大的火球。

现代盔甲

自从中世纪的骑士使用盔甲以来，钢铁一直是战场上的重要材料。但是钢制盔甲很重，这在战场上是个不小的缺点。科学家尝试了很多种方法来制造现代盔甲。

在中世纪晚期，火器取代了弓箭，盔甲的作用也大大降低。为了保护士兵免于枪弹的攻击，需要将铁甲加厚，因此盔甲变得越来越沉重，穿上后，骑士们运动不便。慢慢地，战场上就看不见铁甲的身影了，这种情况持续了几个世纪。

坚船利炮

在现代战争中，钢铁被用来保护战舰和战车。19世纪60年代，首艘钢甲战舰面世。1916年出现了第一辆钢制坦克。但是到了20世纪后期，面对新式武器，这些

钢铁盔甲可以保护人体抵挡剑刺，但不能阻挡高速炮弹的冲击。

钢铁材料已稍显过时。破甲弹的弹头可以制造超热的喷流，一旦击中金属，足以使其熔化。钢铁甲被熔化后，就很容易被穿透。

21世纪初期，科学家找到了保护战车的新方法——使用高分子聚合物（塑料）制造多层盔甲。

聪明的大脑

斯蒂芬妮·克沃勒克（1923—2014）是一位美国化学家，她曾在杜邦化学品公司从事合成纤维的研究工作，在1965年凯芙拉纤维的发明中起到了关键作用。凯芙拉是新式超强纤维材料，于20世纪70年代用于盔甲制造。

在21世纪初的一次演习中，一位美国士兵正在用火箭炮发射破甲弹，这种导弹可射穿装甲车上的钢甲。

科学档案

防弹甲

20世纪60年代,像凯芙拉这类超强纤维材料陆续面世。其可以用来制造防弹背心、座椅、机动车面板、头盔。将纤维编织粘接在一起,比钢制盔甲的防护性能更好,因为这些编织材料可以吸收子弹冲击的能量,同时保证纤维不会断开。

高分子材料盔甲的韧性强,可以承受破甲弹的攻击。破甲弹产生的喷流被高分子材料改变了化学性质,温度降低,破坏力也随之下降。超强的塑料或高分子聚合物也应用在了现代战机上。轻质的塑料面板替代了沉重的铁质面板。雷达安装在高分子材料的飞行器之中,工作效率得到了提升,因为钢制的机身有时会干扰到雷达信号。

在2008年的伊拉克战争中,一位美军士兵身穿改进版外穿战术背心(IOTV),背心内侧是陶瓷板。

现代材料

更轻更强的材料加速了士兵防护设备的发展。卸下钢甲，士兵们穿上了用现代材料制成的全身防护甲。比如用超强纤维材料凯夫拉制成的防弹背心，有些背心里面衬上了金属片或超硬陶瓷板。当被子弹击中时，陶瓷材料粉碎，吸收掉冲击能量。

在几十年前，用陶瓷制作盔甲简直不可想象。可是谁又知道未来的化学家会发明出什么新的材料投入到战场呢？

应用了高分子材料后，美军的F-22"猛禽"战斗机很容易躲开雷达的探测。它的雷达信号比"大黄蜂"发出的还微弱。

大事记

约公元前 4000 年	人类开始使用金属打造匕首和剑。
约公元前 1800 年	人类学会如何产生足够高的温度从铁矿石中冶炼铁。
约公元前 300 年	人类学会冶炼钢,从而造出更轻便、更坚硬的兵器。
7 世纪	拜占庭人使用希腊火——从早期原始的喷火器中喷出燃烧的凝胶。
9 世纪	中国人发明了火药。
约 1250 年	火药第一次出现在欧洲。
约 1500 年	欧洲军队开始使用火药武器。
1610 年	燧石发火装置成为步枪发火的标配装置。
1867 年	阿尔弗雷德·诺贝尔发明炸药。
1875 年	阿尔弗雷德·诺贝尔发明葛里炸药,这是第一种塑性炸药。
1901 年	理查德·费德勒建议德军制造喷火器。第一款现代喷火器出现在 1911 年。
1914 年	第一次世界大战在欧洲爆发,战斗机飞行员用燃烧弹摧毁德国的"齐柏林"飞艇。
1915 年	"一战"期间,德军首次在战争中使用毒气。 德军在法国凡尔登实施了在"一战"中最大规模的炮火攻击。
1925 年	《日内瓦公约》禁止在战争中使用毒气。
1965 年	化学家斯蒂芬妮·克沃勒克发明凯芙拉(制造现代防弹背心的材料)。
1980 年	伊拉克与邻邦伊朗开战,冲突一直持续到 1988 年。双方制造了化学武器,伊拉克还对伊朗使用了化学武器。
1993 年	国际社会达成共识,禁止制造或储存化学武器。